見学！日本の大企業
アシックス

編さん／こどもくらぶ

ほるぷ出版

はじめに

　会社には、社員が数名の零細企業から、何千・何万人もの社員が働くところまで、いろいろあります。社員数や資本金（会社の基礎となる資金）が多い会社を、ふつう大企業とよんでいます。

　日本の大企業の多くは、明治維新以降に日本が近代化していく過程や、第二次世界大戦後の復興、高度経済成長の時代などに誕生しました。ところが、近年の経済危機のなか、大企業でさえ、事業規模を縮小したり、ほかの会社と合併したりするなど、業績の維持にけん命です。いっぽうで、好調に業績をのばしている大企業もあります。

　企業の業績が好調な理由のひとつは、独創的な生産や販売のくふうがあって、会社がどんなに大きくなっても、それを確実に受けついでいることです。また、業績が好調な企業は、法律を守り、消費者ばかりでなく社員のことも大切にし、環境問題への取りくみや、地域社会への貢献もしっかりしています。さらに、人やものが国境をこえていきかう今日、グローバル化への対応（世界規模の取りくみ）にも積極的です。

　このシリーズでは、日本を代表する大企業を取りあげ、その成功の背景にある生産、販売、経営のくふうなどを見ていきます。

★

　みなさんは、将来、どんな会社で働きたいですか。

　大企業というだけでは安定しているといえない時代を生きるみなさんには、このシリーズをよく読んで、大企業であってもさまざまなくふうをしていかなければ生き残っていけないことをよく理解し、将来に役立ててほしいと願います。

　この巻では、日本トップのスポーツ用品メーカーとして、独自の技術と発想力により世界じゅうで愛される製品をつくりつづけるアシックスをくわしく見ていきます。

目次

1 スポーツシューズをきわめる ……………………………… 4
2 鬼塚株式会社の創業 ………………………………………… 6
3 バスケットボールシューズから …………………………… 8
4 改良をかさね、着実に前進 ………………………………… 10
5 マラソンシューズを開発 …………………………………… 12
6 頂上からせめる ……………………………………………… 14
7 会社は運命共同体 …………………………………………… 16
8 オリンピックからの世界進出 ……………………………… 18
9 アシックスの誕生 …………………………………………… 22
10 最先端の研究がつづく ……………………………………… 24
11 スニーカーとオニツカタイガー …………………………… 26
12 世界に広がるアシックスブランド ………………………… 28
13 アシックスのサステナビリティ活動 ……………………… 30

資料編❶ アシックスの歴史 ……………………………… 33
資料編❷ アシックス スポーツ ミュージアムを見てみよう! … 36

◆もっと知りたい! さまざまなスポーツシューズ ……………… 20
● さくいん ……………………………………………………… 38

1 スポーツシューズをきわめる

アシックスは、日本一の規模をほこるスポーツ用品のメーカー。とくにスポーツシューズ（靴）では、オリンピックやさまざまなスポーツの国際競技などで、国内外の選手の好成績に貢献し、圧倒的な実績を積みかさねている。

トップスポーツ選手が愛用

アメリカのメジャーリーグベースボールで活躍するダルビッシュ有投手、日本のプロ野球の大谷翔平投手、女子レスリングでオリンピック3大会連続金メダルを獲得した吉田沙保里選手、2000（平成12）年第27回夏季オリンピック・シドニー大会の陸上競技女子マラソンで優勝した高橋尚子選手、これらのトップスポーツ選手たちの足元をささえ、最高の能力や技術を引きだしてきたのが、アシックスのスポーツシューズです。

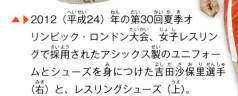

▲▶2012（平成24）年の第30回夏季オリンピック・ロンドン大会、女子レスリングで採用されたアシックス製のユニフォームとシューズを身につけた吉田沙保里選手（右）と、レスリングシューズ（上）。

日本一のスポーツ用品メーカー

アシックスは、創業者の鬼塚喜八郎（→p6）が1949（昭和24）年に、兵庫県神戸市において鬼塚株式会社*1をたちあげてから、スポーツシューズを中心にスポーツ用品全般を製造・販売している会社です。バスケットボールシューズやマラソンシューズからはじまったシューズづくりは、陸上競技やサッカーなどのスパイクシューズ、バレーボールやテニス、ラグビーなどの球技用シューズ、さらにはレスリングや体操などの室内競技用のシューズまで、あらゆるスポーツの分野におよびます。また最近では、カラフルなスニーカー*2がとくにヨーロッパやアメリカで大人気となり、スポーツウエア（運動着）などをふくめた総売上で、ナイキ*3、アディダス*4という2大スポーツメーカーについで、世界第3位をうかがう規模となっています。

◀北海道日本ハムファイターズの大谷翔平投手は、アシックスのシューズやグローブをつかっている。

*1 株式会社は、株主から委任を受けた経営者が事業をおこない、利益を株主に配当する企業。
*2 ソール（底）がゴム製の運動靴。カジュアル（日常的につかう）シューズとして利用する人が多い。
*3 アメリカのスポーツ用品メーカー。世界第1位の売上をほこる。
*4 ドイツのスポーツ用品メーカー。売上は世界第2位。

見学！日本の大企業　**アシックス**

▲「GEL-KAYANO 22」（2015年発売）。アシックスはさまざまなシューズをつくっており、なかでもランニングシューズに力を入れている。

2020年に予定されている第32回夏季オリンピック、第16回パラリンピック・東京大会でも、「東京2020ゴールドパートナー」とよばれる国内最高水準のスポンサー（スポーツ用品）として、アシックスは、オリンピック・パラリンピックの日本代表選手団に対して、オリンピックまで6年間にわたるスポンサー支援をおこなうことになりました。

2020年東京オリンピックに向けて

アシックスは創業当時から、スポーツをつうじて青少年の健全な育成に貢献する、という願いのもとに、日本のスポーツ競技を統括する団体である日本体育協会などに協力して、さまざまなスポーツのスポンサー＊となってきました。とくにオリンピックでは、シューズやウエアを選手に提供するにとどまらず、1992（平成4）年の第25回夏季オリンピック・バルセロナ大会や2006（平成18）年の第20回冬季オリンピック・トリノ大会などでは、公式スポンサーとして支援をおこないました。

＊資金を出す個人や企業などのこと。

▲2020年東京オリンピック・パラリンピック競技大会組織委員会委員長の森喜朗元首相（右）から「ゴールドパートナー」の契約証を受けとる、アシックス現社長CEO（最高経営責任者）の尾山基（左）。

アシックス ミニ事典

金メダリストのキス

アシックスは、トップスポーツ選手専用の特別シューズもつくってきた。これまでオリンピックの陸上競技でアシックスの専用シューズをつかった何人もの選手がメダルをとったり、シューズを提供した数多くのプロ野球やプロサッカー選手が優秀な成績をおさめたりしてきた。

2004（平成16）年第28回夏季オリンピック・アテネ大会の陸上競技女子マラソンでは、出場した3選手に、さまざまなくふうをくわえた数種類のシューズを提供。その結果、野口みずき選手が優勝、ほかのふたりの選手も5位、8位と入賞をはたした。野口選手はゴールした後、右足のシューズをぬぐと、42.195kmの距離を走った自分の足を守ってくれたシューズに感謝するかのように、観衆の前でキスをした。この感動的なシーンは、全世界に向けてテレビ放送された。

▶マラソンレースのゴール後に、シューズにキスをした野口みずき選手。

写真：アフロ

2 鬼塚株式会社の創業

第二次世界大戦後の混乱期に神戸の街でうぶ声をあげた
鬼塚株式会社は、青少年たちがスポーツをつうじて
健全に成長できるようにという願いをこめて創業された。
その精神は、のちのアシックスにもつながるものだった。

軍隊できたえられる

　アシックスの創業者鬼塚喜八郎は、1918（大正7）年、現在の鳥取県鳥取市の農家、坂口家の5人きょうだいの末っ子として生まれました。この大正から昭和にかけては、のちの第二次世界大戦（1939～1945年）につながる不安定な時代で、世の中に戦争のかげが少しずつあらわれてきていました。喜八郎は学校を出ると、軍人になることを希望しましたが、けががもとで胸膜炎をわずらっていたため、ようやく20歳のときに軍隊に入りました*。きびしい軍隊生活を経験するなかでまた肺の病気にかかるなど苦労しましたが、能力の限界に挑戦する精神と、「転んだら、おきればいい」という前向きな気持ちを忘れなかったことが、のちに会社をおこして何度も困難にあったときのささえとなりました。

＊このころの兵役義務年齢は20歳だったが、17歳以上で志願すれば入隊できた。

社会に貢献したいとの思い

　1945（昭和20）年8月の終戦を長野県の軍隊赴任地でむかえた喜八郎は、一度鳥取の坂口家へ帰ってから、兵庫県神戸市にむかいました。それは、なくなった戦友との約束で、知りあいの鬼塚家の養子になるためでした。これで、坂口から鬼塚に姓がかわりました。
　喜八郎は、アメリカ軍の空襲で焼け野原になっていた神戸で最初に、西井商事という会社に就職しました。ところがその会社はさまざまな仕事に手を出し、安い価格でこっそり仕入れたビールを高値で売るなど、闇商売（法律上正しくない手段でおこなう商売）のようなことをしていました。もうけることばかりを考えていた社長の考え方に反発した喜八郎は、ぎゃくに、自分は社会に貢献する企業活動をしたいという思いをつのらせ、結局3年間で会社をやめました。

▼戦後にひらかれていた、闇市のようす。闇市とは、法律で認められていないマーケット（市場）で、日本ではおもに戦後の数年間に、人びとが食糧などをもとめた違法な市場のことをさす。

健全な身体に健全な精神があれかし

喜八郎は西井商事をやめたころ、戦友のひとりの堀公平から、「きみは靴屋になれ。青少年がスポーツにうちこめるようないい靴をつくれ」と助言を受けました。その当時、兵庫県教育委員会の保健体育課課長だった堀は、戦後の混乱のなかで青少年を健全に成長させるには、スポーツをやらせることがいちばんだと考えていたのです。スポーツはからだをじょうぶにするだけでなく、ルールやマナーを大切にすることや、苦しさにたえること、また集団としてのチームワークなど、社会生活を送るうえで必要な事柄を学ぶことができます。堀からはさらに、「健全な身体に健全な精神があれかし」ということばを紹介されました。このことばはのちに、アシックスという会社名の起源に関係するものともなりました（→p23）。堀が靴をつくることをすすめたのは、靴は多くのスポーツでつかわれる用品であり、戦後の混乱のなかで不足していたためでした。喜八郎は堀の考えに全面的に賛成し、自分のそれからの人生をスポーツシューズの開発と普及にかけることを決心しました。

▲アシックス創業者の鬼塚喜八郎（1918〜2007年）。写真は創業当時のもの。

▲一般的なズック靴（上）と、作業用の地下たび（右）。

社員4人の会社

喜八郎が靴の商売をはじめた当時、たいていのスポーツが、布製でゴム底のズック靴*1か、じょうぶな布とあつかゴム底でできた地下たびをはいておこなわれていました。喜八郎も、まず小・中学校や警察署に、ズック靴や警察官用の靴をおさめる問屋としての仕事からはじめました。そのいっぽうで、スポーツシューズの製造技術も学びました。さいわい、神戸市は以前からゴム産業がさかんで、日本でも有数のゴム靴生産地でした。喜八郎は知りあいの工業所にたのみこんで、靴の甲被（上側の部分）の裁断やミシンがけ、金型*2づくり、ゴム底の接着まで特訓を受けました。

自分の店を創業してから半年たち、あちこちから資金を集めて、1949（昭和24）年9月、ようやく「鬼塚株式会社」（本書では以降「鬼塚」）を設立しました。社員は、自分自身をふくめて4人の会社でした。

*1 学校の上ばきなどにもつかわれる。「ズック」はオランダ語からきているとされる。
*2 金属製や樹脂製の工業製品の部品を製造するための型。

▼鬼塚株式会社の看板。

3 バスケットボールシューズから

鬼塚喜八郎は、バスケットボールシューズの開発という、あえてむずかしい技術に挑戦した。選手の動きを研究して試作品をいくつもつくり、生みだした商品は、本物をもとめる選手たちに受けいれられ、少しずつ浸透した。

むずかしい技術に挑戦

スポーツシューズを製造する会社をはじめるときに、喜八郎は、どこよりもいいシューズをつくりたいと考えました。そこで、スポーツシューズをつくるほかの会社がすでに手がけていた、小・中学生用の運動靴ではなく、スポーツ選手がはく専用のシューズ、それもいちばん高度な技術が必要とされるシューズの製造に挑戦することをめざしました。そんなとき、知りあいの神戸高校バスケットボール部の松本幸雄監督から、バスケットボールシューズの製造を提案されました。スポーツシューズには陸上やテニス、野球などさまざまな種類がありますが、なかでもバスケットボールシューズは製造がむずかしいとされていました。バスケットボールというスポーツはつねに俊敏な動きがもとめられ、プレーのなかで急発進や急停止が何度もくりかえされます。そのような足の動きをささえる靴は、複雑で敏しょうな動きにたえるものでなければなりません。喜八郎は、むずかしい技術に挑戦すれば簡単なものに挑戦するより多くの技術がえられるだろう、そう考えてバスケットボールシューズづくりにいどみました。

わらじのような試作品

喜八郎はさっそくバスケットボールシューズの試作にとりかかり、見よう見まねでデザインし、

▲バスケットボールでは、急発進、急停止などの動きが多く、シューズに大きな負担がかかる。

足型をつくって、甲被をミシンでぬい、ゴム底用のゴムを配合しながらソール（底）の形を考えて、バスケットボールシューズらしいものをつくりました。それをもって大阪の問屋街で注文をとろうとしましたが、実績のないメーカーだったこともあり、まったく相手にされませんでした。そこで、実際に選手にためしてもらおうと、松本監督に試作品を見せたところ、「わらじ*のようだ」といわれてしまいました。喜八郎がつくったのは、右足も左足も同じ型のものでした。足型がひとつですむので、原価が安くつくと考えたのです。松本監督からは、「実際の選手の足の動きを見て研究するように」といわれ、喜八郎はさっそくバスケットボールの強豪校だった神戸高校にかよい、ボールひろいをしながら、選手から意見を聞くなどしてシューズの改良につとめました。

*わらで編んだはきもの。通常、左右の区別はない。

見学！日本の大企業　アシックス

▲1950（昭和25）年春に鬼塚が発売した「バスケットボールシューズ」。

ところが、実際にためしてもらうと、今度はブレーキがかかりすぎて、ひっくりかえる選手が続出。そこでさらに改良をかさね、吸盤の深さをあさくしてみたところ、急発進も急停止もできる、すぐれたシューズが完成しました。第1号の発売から3年後、吸盤型のバスケットボールシューズがようやく完成したのです。

タコの吸盤からヒント

松本監督からバスケットボールの本場アメリカの靴のカタログなどを見せてもらい、創業の翌年1950（昭和25）年の春にはバスケットボールシューズ第1号の発売にこぎつけました。しかし現場からは、さらに敏しょうな動きにたえられる商品をもとめる声があがっていました。改良に頭をなやませていたある日、夕食に出たキュウリの酢の物に入っていたタコを見た喜八郎は、すいついたらなかなか取れないタコの吸盤の原理を応用できないかとひらめきました。そこで全体を吸盤のように凹型にしたソールを考案し、テストをするとたしかにピタッと止まることができました。

タイガー印のブランド*

バスケットボールシューズを発売するにあたって、喜八郎はよいブランド名をつけることを考えました。自分のすきな動物のトラが、つよさと敏しょう性をそなえていてスポーツシューズにふさわしいと考え、「虎印」にしたいと思いました。しかし「虎印」はすでにほかの会社がつかっていたため、社名の鬼塚と組みあわせて「オニツカタイガー」としました。マークもトラの絵の下に「Tiger」（トラ）の文字を入れたものを考案しました。オニツカタイガーのバスケットボールシューズは、1950（昭和25）年に日本バスケットボール協会が発行した雑誌に広告が掲載されて知名度があがり、現場の選手たちにじょじょに浸透していきました。

▼1953（昭和28）年に発売したバスケットボールシューズは、ソールが吸盤型になっていた。

＊製品につける名前、あるいは名前がついた製品そのもののこと。一般的に、ほかと区別できる特徴をもつ、価値の高い製品をさす場合が多い。

▲初期のバスケットボールシューズのソールの、土踏まずの部分にデザイン化されたトラの顔。のちのオニツカタイガーのマークにも採用された。

4 改良をかさね、着実に前進

バスケットボールシューズを発売して数年は、品質向上をめざして
さらなる改良をかさねながら、日本各地で直接売り歩く毎日がつづいた。
血をはくほどの苦労をつづけながら販売したシューズは、
やがて全国で大きな評判をえた。

自動車のタイヤからヒント

　吸盤型ソールのバスケットボールシューズを発売してからも、鬼塚喜八郎は改良をつづけました。課題のひとつは、用具の改善にともない、バスケットボールの競技スピードがアップしてきたため、それに対応することでした。吸着力のつよい鬼塚製のソールだと、床面とのまさつがつよすぎて、スピードが出にくいのです。この問題を解決するためには、ねばりづよい研究とひらめきが必要でした。

　ある日喜八郎が乗ったタクシーの前に子どもが飛びだしてきて、運転手が急ブレーキをかけました。そのとき喜八郎は、自動車はなぜ急停止や急発進ができるのかと疑問を感じたといいます。翌日喜八郎は東京で開かれていた自動車ショーに行き、タイヤメーカーの技術者から話を聞くことができました。それによると、タイヤにきざまれた深いみぞが、急停車のときに大きなまさつを発生させると同時に、そのみぞからまさつの熱をにがしているというのです。この原理をバスケットボールシューズに取りいれることで、急停止、急発進ができ、競技スピードもあげられる商品ができました。この原理はのちに「ブロックソール」と名づけられ、鬼塚のバスケットボールシューズの評判をいっそう高めました。

▲1950（昭和25）年から70年代（昭和45〜54年）にかけてのオニツカバスケットボールシューズのソールのうつりかわり。中央上から右まわりに、①：初期ソール（1950年〜）、②〜⑥：吸盤型ソール、⑦〜⑪：ブロックソール（1960年〜）、⑫：カットソール（1973年〜）。ブロックソールは、ソールの周囲にみぞがきざまれている。カットソールは、オニツカタイガーだけの特殊彫刻底として開発されたもの。

▲オニツカタイガーのカットソール。

見学！日本の大企業　アシックス

キリモミ商法

　会社をおこしてから約10年間、喜八郎がここまでバスケットボールシューズにこだわりつづけてきたのには、理由がありました。規模も小さく資金も少ない企業が大企業にたちうちするためには、一点に集中することが重要だというのが彼の信念でした。どんなにかたい材料でも、キリの先ほどの小さな穴を開けられれば、そこから広げていくのはむずかしくありません。「キリモミ商法」とみずから名づけたこの手法が、中小企業の経営方針に適していると考えたのです。鬼塚はその信念をもって、まずバスケットボールシューズの開発に全精力をそそぎました。

行商の苦労がむくわれる

　行商とは、商品をもって直接商店などをたずね歩いて、販売することです。創業してから数年間、商品には自信がありましたが、大規模に宣伝する資金もなく、スポーツシューズという市場そのものもまだ小さかったため、喜八郎はみずから全国をまわって売り歩きました。
　九州に出張したあるとき、宿泊費がないため駅の待合室にとまりました。朝起きると、買ったばかりの自分の靴がなくなっていました。こまった喜八郎は、新しく開発したバレーボールシューズとトレーニング用シューズの見本を左右１足ずつはいて、あるスポーツ店をたずねました。すると

店主は、「自分で見本をはいてくるのは、商品に自信があって、研究熱心な証拠だ」と認めてくれ、注文をくれました。そんな苦労がつづくなかでも、学校を訪問して営業したときには、神戸高校の松本監督（→p8）が書いてくれた紹介状が役立ちました。さらに、ひとつの店から次の店へと口コミ[*1]で評判が広がり、創業から5、6年後にはバスケットボールシューズの全国シェア[*2]で50％ほどにまで成長することができました。

*1 口から口で情報が伝わること。
*2 ある商品の販売やサービスが、一定の地域や期間内でどれくらいの割合をしめているかをしめす率。

▶1952（昭和27）年に発売した、バレーボールシューズ第１号（右上）とそのソール（右）。

アシックス ミニ事典
宿直室で療養しながら

　1952（昭和27）年の春、喜八郎は出張の途中でやまいにたおれ、「肺結核で絶対安静」と診断された。もともと肺が弱かったうえに、無理な出張をつづけたためだった。このときは、新薬によって１年ほどで快復した。しかしその半年後、またも仕事の無理がたたっておれてしまう。そして今度は前回よりも重症だった。しかし、みずからの仕事と、80名ほどにふえた従業員をほうって入院することができないため、喜八郎は会社の宿直室で闘病しながら、従業員に仕事の指示をした。そして、今回も別の新薬が奇跡的にきいて、命を取りとめた。喜八郎はこの経験をつうじて、会社をつづけるという使命感をつよめると同時に、社長がたおれるなどといった、危機のときの対処方法を学んだ。

▶1953（昭和28）年、会社事務所を神戸市三ノ宮駅近くに移転した。事務所の前の喜八郎。

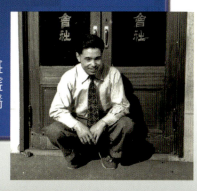

5 マラソンシューズを開発

むずかしい技術に挑戦する精神は、マラソンシューズの開発でも発揮された。マラソンたびの開発をふまえて、何度も試作をくりかえしながらつくったマラソンシューズは、魔法のような靴とたたえられ、日本のマラソン界をささえた。

マラソンたびの試作品

バスケットボールシューズの次に鬼塚が開発に力を入れたひとつが、マラソンシューズでした。マラソンシューズを選んだのは、日本選手が世界で活躍していた分野だったことと、バスケットボールシューズと同じように、つくるのがむずかしいとされていたからでした。

じつはそれまで、日本ではマラソンをはじめとする走る競技では、座敷用のたびを改良したものをつかっていました。鬼塚も最初の数年は、やはりマラソンたびをつくりました。何種類も試作品をつくって研究を進めた結果として、1953（昭和28）年に発売したマラソンたびは、アメリカのランニング専門誌で紹介されて話題になりました。

▶ 1964（昭和39）年に開催された東京オリンピックに向けて開発した、「スーパーマラップ」（1959年発売）。側面のラインは、土踏まず部分を補強する意味もあった。

「マラップ」の登場

鬼塚は1953（昭和28）年にマラソンたびを発売しましたが、その後今度はマラソンシューズの開発へと方向転換します。あるマラソン大会に出場した外国人選手がはいていた、合成ゴムスポンジ底のシューズを見た鬼塚喜八郎は、たびではなく、マラソンシューズの新しい時代が来ることを予感したといいます。すぐに、それまでのマラソンたびとまったくちがう研究がはじめられ、同じ年のうちに初のマラソンシューズ「マラップ」が完成し、発売されました。その後も改良がつづけられ、1958（昭和33）年には、底に合成ゴムスポンジをもちいた「本革レースマラップ」を発売。すると、マラソンのストライド走法・ピッチ走法*のちがいや、レース中のさまざまな状況の変化にも対応できることが認められて、多くのランナーをささえることになりました。「マラップ」はその後も、どんどん進化していきました。

▲マラソンたびは、試作品が第1号、第2号、第3号とつくられた。写真は、試作品第3号を手なおしして、ソールにラバー（ゴム）を装着したもの。

＊ストライド走法は、長距離走で歩はばが大きい走法のこと。ピッチ走法は、歩はばを小さくして脚の回転をはやくする走法。

◀ アッパー（甲被）にナイロンを使用した「マラップナイロン」（1968年発売）。あざやかな色づかいが、運動用だけでなく街なかではけるシューズとして、一般の消費者にも人気が出た。

マメとのたたかい

「マラップ」が市場で認められるようになってからも、マラソンシューズにはひとつ問題がのこっていました。42.195kmも走るマラソン競技の選手たちは、走るとかならず足のうらにマメができたのです。あるマラソン大会の後で、喜八郎はマメがつぶれていたいたしい選手たちの足を見て、マメができないシューズづくりを申しでました。ところが、「そんな靴ができたら、さかだちしてマラソンを走りますよ」と、選手たちは本気にしてくれませんでした。

そこで喜八郎は、まず足の機能を学習するため、専門家の意見を聞くことにしました。ある医学部の教授になぜマラソン選手は足にマメができるのかを聞いたところ、マメは、走ると足が熱をもち、一種のやけどのような状態になるためにできると学びました。とくに走るときには、歩くときとくらべ体重の3倍もの重さが足のうらにかかるので、靴のなかに熱がこもるのは当然でした。そこで自動車の水冷式エンジンをヒントに、底に水を入れた靴をつくってみましたが、これは重くなって足がふやけるだけの失敗作で、さらなる研究が必要でした。

魔法のような靴

次に考えたのは、空気で足を冷やすことでした。シューズのなかの空気を循環させて熱をにがすために、大胆にもシューズに穴を開けることを思いついたのです。甲被に目のあらい布をつかい、シューズの前と横に穴を開けて風通しをよくしました。これによって、着地するとき足と中底のあいだにたまった熱が放出され、足が地面からはなれると冷たい空気が流れこむのです。鬼塚はこの方式で特許をとりました。開発に協力してくれたマラソンの寺沢徹選手にコースを走ってもらったところ、ほとんどマメはできませんでした。そのため「マジックランナー」と名づけられたこのシューズを、選手たちは口ぐちに、魔法のような靴だ、といったといいます。1960（昭和35）年に発売された「マジックランナー」は、その後およそ20年にわたって、多くのランナーに愛用されました。

▼ 当時のトップマラソンランナー、寺沢徹選手（左）とうちあわせる喜八郎（右）。

▼「マジックランナー」は、側面と前面のソールの上に穴が開いている（赤線の囲み部分）。

6 頂上からせめる

創業から10年たつころ、鬼塚は、競技用スポーツシューズで日本一のメーカーに成長していた。それは、最新の商品をトップのスポーツ選手にためしてもらう、頂上作戦の成果だった。
その手法は、オリンピックへの支援にもつながった。

▶ 1965（昭和40）年に統一された、オニツカタイガーのロゴマーク。

オニツカ株式会社を設立

鬼塚は、バスケットボールシューズやマラソンシューズなどのおもな商品を、1953（昭和28）年に設立した自社工場のタイガーゴム工業所で製造していました。売上がじょじょにふえ、会社が大きくなってきたのにともなって、1957（昭和32）年、タイガーゴム工業所を組織変更し、オニツカ株式会社（本書では以降「オニツカ」）を設立。翌1958（昭和33）年には、販売などをおこなっていた鬼塚株式会社と、東京に設立していた東京鬼塚株式会社を吸収合併しました。創業10周年を前にして、従業員総数は200名あまりとなり、中堅企業の仲間入りをしました。その年の売上高は3億円をこえ、競技用スポーツシューズの分野では、日本一の規模をほこるようになりました。

▶「Tiger」の文字が入った、オニツカのネオンサイン（1958年）。

頂上作戦

オニツカが創業から短期間で大きな成果をあげられた背景には、「頂上作戦」と名づけたビジネスの手法がありました。鬼塚喜八郎は創業当時から、新製品を開発するときに、その部門のトップ選手に試作品を提供して徹底的につかってもらい、意見を聞いて改良してから売りだすようにしていました。バスケットボールシューズでもマラソンシューズでも、この手法によってまず一流のスポーツ選手たちの信頼をえ、その後、一般の人びとに広まるという流れができました。そこから最終的に、世界のスポーツの祭典であるオリンピックにもかかわるようになりました。

オリンピック選手団へ

オニツカの競技用シューズがオリンピックで正式に採用されたのは、1956（昭和31）年の第16回夏季オリンピック・メルボルン大会からでした。マラソン競技用のシューズと、日本選手団

▼ メルボルンオリンピック（1956年）の選手団用シューズ、「アフターランナーシューズ」。ソールはそれまでのゴムから、かるくて足の保護に役立つ合成スポンジにかわり、側面に土踏まず部分を強化する2本のラインが入れられた。

見学！日本の大企業 **アシックス**

▲1960（昭和35）年に開催された、ローマオリンピックで、観客席から応援する喜八郎。

が開会式の入場行進ではくトレーニングシューズが第1号でした。開会式のテレビ映像では、オニツカの社員は全員、日本選手の足元に注目していたといいます。

1960（昭和35）年にイタリアのローマで開かれた次のオリンピックでは、オニツカのシューズをはいた選手が体操競技で金メダルを獲得するなど、大活躍。競技会場にいた喜八郎は、優勝の瞬間、観客席からとびおりて選手や監督に抱きついて感動をあらわしました。

▲東京オリンピック、マラソン競技でゴール前にデッドヒートをする円谷選手（右）と、ヒートリー選手（左）。左上は円谷選手が使用したマラソンシューズ。

惨敗からメダルへ

オニツカは、1960（昭和35）年のオリンピック・ローマ大会で日本の3人のマラソン代表選手にシューズを提供しました。ところが、日本選手が石畳のコースになれていなかったこともあって、結果は全員が30位以下と惨敗。この大会では、エチオピアのアベベ・ビキラ選手が、42.195kmをはだしで走りぬいたことが話題になりました。靴づくりを仕事とする喜八郎はこの結果にショックを受けましたが、日本にもどってから、「世界一軽いマラソンシューズ」をつくるように、オニツカの技術者たちをうながしました。

技術者たちの努力は、4年後のオリンピック・東京大会で実をむすびます。マラソン競技で銀メダルを獲得したイギリスのベイジル・ヒートリー選手と、銅メダルになった日本の円谷幸吉選手が、オニツカのシューズをはいていました。さらに

1968（昭和43）年のオリンピック・メキシコシティ大会でも、オニツカのマラソンシューズをはいた君原健二選手が銀メダルを獲得。オニツカのマラソンシューズもいっそう注目されました。

▼メキシコシティオリンピックのマラソン競技で、第2位でゴールする君原健二選手。

15

7 会社は運命共同体

オニツカ株式会社を設立し、会社の規模が拡大し業績が順調にのびはじめた時期に、鬼塚喜八郎は、みずからの経験をふまえて、会社の経営方針を見なおした。ちょうどそのころ、多角化に走りすぎて、会社は一時的に危機におちいった。

企業の3つの力

戦争が終わって会社づとめをしたとき、喜八郎は、社会に貢献する企業をつくりたいという思いをもちました（→p6）。社会に貢献するとは、「公器」ということばに象徴されます。それは、創業者やその家族（同族）が会社を自分個人のものであるかのように取りあつかい、利益だけをもとめて好き勝手な方向にみちびくのではなく、あくまで会社は社会のために奉仕する、おおやけのものだという考え方です。喜八郎が実際に会社を経営するようになってからこの考え方はさらにつよまり、企業は労働（者）力、資本（資金）力、経営力の3つの力が、正三角形のようにバランスがとれている、運命共同体[*1]でなければならないことを、社員や周囲につねにうったえました。

持株の7割を社員に

1959（昭和34）年5月29日の創業10周年の日に、喜八郎は、尊敬していた実業家である松下幸之助[*2]の経験にならって、みずからが100％保有していた会社の株式[*3]のうち7割を社員に分配しました。社長が株式を独占して会社を自分の思うとおりに動かすのではなく、社員全員が株主になることで、オニツカを社員みんなの会社にしようと考えたのです。株主になれば社長に問題があったときには株主総会でやめさせるこ

▲協力企業40社の合同勉強会である「鬼塚会」の、創立10周年記念式典のようす。

とができると同時に、社員も経営に積極的にかかわる義務が生じます。この決定は喜八郎の身近な人びとから猛烈に反対され、経営が行きづまる可能性があって危険だといってくる取引先もありました。ところが、社員はこの決断によって、目の色がかわったように積極的にはたらくようになったのです。

さらに喜八郎は、株主や社員に対してと同様に、40社ほどの協力企業に対し、株式や経営の状況をすべて公開しました。資金面など会社のおかれている立場をあきらかにするというこの決断は、のちに経営がくるしくなったとき、秘密主義でない経営方針を信頼してくれた協力企業からの支援につながりました。

[*1] たがいに運命をともにするような、緊密な関係にある人や組織。
[*2] 松下電器製作所（いまのパナソニック）をきずきあげた、「経営の神様」ともいわれる実業家。1894（明治27）年～1989（平成元）年。
[*3] 企業が事業の資金をえるために発行する有価証券のこと。

見学！日本の大企業 **アシックス**

▲▲オリンピック選手へ提供した革製トレーニングシューズ「アフターランナー」（左）。1960（昭和35）年に開催された第17回夏季オリンピック・ローマ大会において、選手の入場行進に使用された。サイドの部分に日の丸をイメージしたデザインは、2000年代（平成12年～）以降にレトロ（→p26）デザインとして復活した（上）。

強引な多角化で危機をむかえる

創業10周年をむかえた1959（昭和34）年から、オリンピック・東京大会が開かれた1964（昭和39）年までの数年間、世の中では高度経済成長[*1]がつづいた時期に、オニツカは一時事業の多角化を進めたことがありました。

そのころ、スポーツシューズメーカーとしてのオニツカは、非常に健全な経営をしていました。ところがいっぽうで、スポーツ関連の事業だけでなく、電気製品のテープレコーダーや貴金属の取りあつかいなどまではじめ、経済成長にのってさまざまな事業経営をおこない、事業のはばを広げようとしたのです。しかし多角化はうまくいかず、会社の資金が底をつき、オニツカは倒産するとのうわさが流れてしまいました。

[*1] 1954（昭和29）年から1973（昭和48）年ごろまで、日本経済が飛躍的に発展した時期のこと。

原点にもどろう！

オニツカは1964（昭和39）年4月に、以前からの喜八郎の計画どおり株式を上場[*2]しました。しかし、その年度の終わりには大きく赤字[*3]になり、株価も大はばに下がりました。それは、会社の資産や価値が大はばに下がったことを意味しました。

ここにいたってオニツカは、多角化をやめることと、スポーツシューズ専門メーカーという原点にもどることを決断しました。むだをなくすことを条件に、ようやく銀行からの資金援助を受けることができ、在庫をへらすために、創業当時と同じように、社員全員がセールスマンとなって商品を販売しました。そして、正直な経営方針を信頼してくれた取引先からの援助もあって、1年で黒字[*4]に転換することができたのです。

[*2] 株式を一般に公開して、東京や大阪の証券取引所で、株式の取引をはじめること。
[*3] 支出が収入を上まわること。
[*4] 収入が支出を上まわり、利益が出ること。

▼大阪証券取引市場（当時）に株式を上場するにあたって、あいさつする喜八郎（右から2人目）。

8 オリンピックからの世界進出

オニツカは、オリンピックへの支援をおこなうことで、技術を積みかさね、世界に認められていった。多くの競技でオニツカを愛用する選手たちがメダルを獲得するようになったとき、強力なライバル会社との競争がはじまっていた。

東京オリンピックのチャンス

1964（昭和39）年10月に東京で開かれた第18回夏季オリンピック・東京大会（東京オリンピック）は、高度経済成長（→p17）によって国全体が成長したようすを、国の内外につたえるハイライトとなりました。多角化から撤退し（→p17）、経費削減が効果をあげてきたオニツカも、スポーツシューズを中心とした宣伝のために、資金と人員を投入しました。

競技では、日本選手団は体操、柔道、レスリングなどを中心に、金メダル16個、銀メダル5個、銅メダル8個と、合計29個のメダルを量産しました。とくにレスリング競技では、全6試合をフォール勝ち＊という前評判どおりの実力を発揮し、国際試合186連勝という偉大な記録を達成した渡辺長武選手をはじめ、金メダルを5個、銅メダルを1個とすばらしい成績をおさめました。そして選手たちの足元には、オニツカのレスリングシューズがありました。

このようなニュースがテレビなどで世界じゅうに発信されることで、オニツカの商品が世界に広まるいしずえとなりました。

▶東京オリンピックレスリング競技のフリースタイルフェザー級で金メダルを獲得した、渡辺長武選手（うしろ）。

写真：アフロ

好成績をささえた高品質

東京オリンピックからはじまったオニツカの世界進出は、その後、メキシコ・メキシコシティ（1968年）、ドイツ・ミュンヘン（1972年）、カナダ・モントリオール（1976年）とつづくオリンピックで、ますますさかんになっていきました。さらにオリンピックばかりでなく、世界選手権や、アジア、アメリカ、ヨーロッパなど、各地でおこなわれる選手権大会などにもかかわるようになりました。しかしそれは、ヨーロッパやアメリカの大きなスポーツ用品メーカーとの販売競争がはげしくなることを意味していました。

＊相手の両肩を同時にマットにつけることで勝利すること。

見学！日本の大企業 アシックス

◀ゴールインの後、トラックを歩くラッセ・ビレン選手。
写真：アフロ

オニツカにとって心づよかったことは、オニツカの品質のよさを理解し、愛用するようになった選手が各国でふえてきたことでした。彼らはそれぞれの大会でメダルを獲得するようになり、世界新記録を達成することもありました。モントリオールオリンピック陸上男子のトラック（陸上競技場の走路）競技、10000m走と5000m走の2種目で金メダルを獲得したフィンランドのラッセ・ビレン選手もそのひとりでした。10000m走でゴールした後、ビレン選手ははいていたシューズをぬいで両手にもち、トラックを1周したのです。オニツカの品質が、全世界に証明された瞬間でした。

アメリカの販売代理店

1962（昭和37）年の秋に、アメリカのフィル・ナイトという青年がオニツカをおとずれ、「アメリカでスポーツシューズの市場調査をしたら、オニツカシューズがもっともすぐれているとわかったので、商品を取りあつかわせてほしい」と希望してきました。オニツカは販売を認め、ナイトはアメリカにもどってすぐにオレゴン州にブルーリ

▶アメリカで発売された「CORTEZ」（1969年）は、かかとの部分のソールのあつさをそれまでの1.5倍にするなど、クッション性を高めた。

ボンスポーツ（BRS）社を設立し、オニツカの販売店として「マラップ」（→p12）や陸上用スパイクなどを販売しました。その後、ナイトの共同創業者で、ジョギング*運動を広めたビル・バウワーマン博士からの依頼を受けてオニツカが開発した「CORTEZ」（のちに「TIGER CORSAIR」と名づけられてアメリカだけで販売）などが、1970年代（昭和45〜54年）に大ヒット。このBRS社がのちに「ナイキ」となり、世界第1位の総合スポーツ用品メーカーに成長しました。

*健康増進やスポーツのトレーニングのためにゆっくり走ること。

アシックス ミニ事典
シューズのラインデザインの変更

オニツカでは、社員からのアイデアも大事にしている。現在のアシックスのシンボルになっているシューズ側面のラインも社員の意見から生まれたものだった。東京オリンピックの次のメキシコシティオリンピックに向けてデザインを考案し、社内からアイデアを集めて検討した結果生まれたのが、たて2本、横2本のラインを交差させたもの。この、1966（昭和41）年に生まれた「アシックスストライプ」は、その後全世界に広まった。

▶1966（昭和41）年に開発された「ランスパークDS-SP」に、いまのアシックスストライプがはじめて採用された。

もっと知りたい！
さまざまなスポーツシューズ

オニツカが開発してきたさまざまな分野のスポーツシューズや、特殊なシューズを見てみましょう。

▲1955（昭和30）年に発売された「レスリングシューズ」第1号は、つま先の内と外に天然の革がつかわれ、ハト目の金具を表に出さないことで、競技中のけがをふせいでいる。

写真：アフロ

◀アシックスのレスリングシューズをはいてたたかう吉田沙保里選手（上）。

レスリングシューズの開発

オニツカがレスリング競技のオリンピック日本選手団にシューズを提供したのは、1956（昭和31）年の第16回夏季オリンピック・メルボルン大会からでした。レスリングはその当時競技人口も少なく、マスコミや世間からもあまり注目されていませんでした。それでもオニツカは、日本レスリング協会の関係者の熱意にうたれてシューズ開発を進めました。その結果、メルボルン大会では金メダル2個を獲得。日本のレスリング界はその後もオリンピックや世界選手権などで優秀な成績をおさめ、最近では吉田沙保里選手（→p4）が世界一の座を何年もたもつなどの実績をあげています。オニツカ（現在はアシックス）はここでも期待にこたえ、シューズを改良しつづけています。

トラックの素材にあわせた陸上スパイク

オニツカが陸上競技用のスパイクシューズの開発をはじめたのは、1960（昭和35）年ごろからでした。はじめは他社と同じように、革のソールにスパイクピンをうめこんだだけのつくりだったため、接地したときにピンがシューズのなかにつきあげて、足のうらがいたくなることがありました。そこで、プラスチックのプレートにうめこんだスパイクピンをソールのなかに入れる方法で、問題を解消しました。さらに、トラックの素材がアンツーカー[1]からタータン[2]などへと進化するなかで、それに対応するためにくふうをくわえました。1974（昭和49）年に発売した全天候型[3]

*1 高温でやいたレンガなどの土をくだいてつくられる赤褐色の土。
*2 合成ゴムをかためたもの。
*3 さまざまな気象条件での使用に対応できる性質をそなえていること。

▼1966（昭和41）年に発売した、「ランスパークDS-SP」（右）は、日本初のピン交換式陸上スパイク。長距離走と短距離走でピンを交換できるようになっていた。1974（昭和49）年発売の「タイガーパウDS-5700」（左）は、世界じゅうの陸上競技選手の人気商品となった。

トラック用のスパイクシューズ「タイガーパウDS-5700」は、トラックにささらないように先をたいらにしたピンを開発・採用したものでした。発売後は国内の陸上競技会に出場する選手の使用率が高まり、生産が追いつかないほどヒットしました。

ウインタースポーツをささえる

1972（昭和47）年に開催された第11回冬季オリンピック・札幌大会をきっかけに、オニツカはウインタースポーツの競技用シューズも手がけました。開発したのは、トレーニングシューズのほか、スキージャンプ、スキー距離競技、ボブスレー、リュージュ用などで、開発担当者は現場で選手から直接意見を聞いて、改良をかさねました。たとえばボブスレーでは、スタートダッシュにかかせない加速をつけるため、紡績用の針布を靴底の前の部分にとりつけて、スリップしないようにするなどのくふうをほどこしました。

また、ジャンプ競技用のシューズはそれまで、靴底も天然皮革で、水分をすいやすく重くなるのが難点でした。オニツカの担当者が提供した、靴底にウレタン樹脂を採用したシューズをはいた日本ジャンプチームは、70m級ジャンプ競技で複数のメダルを獲得しました。

▲オニツカのシューズをはき、札幌オリンピックのスキージャンプ競技で活躍した笠谷幸生選手。　写真：アフロ

宇宙で走るシューズ

2008（平成20）年、アシックスはJAXA（宇宙航空研究開発機構）とともに、宇宙の無重力空間に長期滞在することで筋肉がおとろえる現象をふせぐため、つま先がふたつにわれているたび型の運動靴を開発しました。たびのような構造にすることで、足指の動きをうながすことができるのです。このとき、国際宇宙ステーションでの任務が決定していた宇宙飛行士の若田光一さんの足のサイズにあわせて設計をおこない、宇宙船内でランニングなどをするときに利用されました。

▲▶オニツカのボブスレー用のシューズ（上）とその靴底（右）。

▲たび型の宇宙用運動靴。

9 アシックスの誕生

スポーツシューズでは世界でも有数のメーカーに成長したオニツカは、創業者の鬼塚喜八郎の願いでもあった総合スポーツ用品メーカーへの脱皮に向けて、友好関係にあった2社と合併し、「アシックス」を創業した。

競技用ウエアを開発

1972（昭和47）年に開催された第20回夏季オリンピック・ミュンヘン大会は、オニツカにとって次のステップに進むきっかけとなりました。バレーボール競技で、参加国の選手の8割ほどがオニツカのシューズをはいていたのですが、それまで採用していたポーランド選手団が別のメーカーの製品に変更したという出来事がありました。ポーランドはシューズだけでなくウエアなどそのほかの用品も総合的に提供してくれるアディダス（→p4）と契約したのです。オニツカはスポーツシューズでは世界のトップをあらそうよう

▶陸上競技用ウエア第1号の「パウ」。

になっていましたが、そのほかの用品は開発途上でした。

喜八郎は日本に帰るとすぐに、スポーツ用品メーカーのゴールドウイン社と技術提携をすることに決め、共同でゴールドタイガー株式会社を設立しました。1974（昭和49）年には陸上競技用ウエアの「パウ」*を開発・発売し、同じ年に発売されたスパイクシューズ「タイガーパウ」（→p21）とトータルでの展開をめざしました。

*「パウ」は、トラの足をイメージした名称。

失敗の教訓を生かして

スポーツウエアを手がけるようになったオニツカが次におこなったことは、オニツカ株式会社そのものをシューズ専門のメーカーからスポーツ用品の総合メーカーに脱皮させることでした。そのとき心がけたのは、1964（昭和39）年前後に事業の多角化に失敗して、資金難で苦労したことをくりかえしてはならないということでした。じつは、競技用ウエアの「パウ」とスパイクシューズ「タイガーパウ」の展開をはじめたころにちょ

▼オニツカのウエア「パウ」を着る選手たち（1976年のスポーツバッグカタログの表紙）。

見学！日本の大企業 アシックス

▲合併決定の握手。（左から）ジェレンクの臼井一馬社長、喜八郎、ジィティオの寺西光治社長。合併後の「アシックス」は、喜八郎が社長となり、ほかのふたりが副社長としてささえた。

うどオイルショック*がおこったため、合成ゴムなどの原料である石油のコストがあがり、輸出がのびなやむなどして、再度、会社に危機がおとずれたのです。このときは10年前の教訓を生かし、生産規模を縮小したり役員の報酬をカットしたりするなどの対策をすみやかに実行しました。そのおかげと、需要がふたたびのびてきたこともあって、危機は1年ほどで解消しました。

* 1973（昭和48）年に第4次中東戦争がおこったことと関連して、イラン、イラク、クウェート、サウジアラビア、アラブ首長国連邦など、中東のアラブ諸国が、それまで約100年間安くおさえられていた石油価格をいっせいに、平均して約4倍に値上げした。

3社合併で「アシックス」が誕生

オイルショックをのりきって、会社の業績が上向きになってきたころ、喜八郎はいよいよスポーツ用品の総合メーカーとして、合併に向けて決断します。

1976（昭和51）年の年末に、株式会社ジィティオ、ジェレンク株式会社の2社の社長と会合し、3年前から交渉してきた合併を決めました。ジィティオは、1948（昭和23）年に大阪で設立された会社で、ハンモックやスポーツ用のネットをはじめ、スキーウエアなどのスポーツ用品を製造・販売していました。ジェレンクは、もともと1952（昭和27）年に福井県で設立された会社で、スポーツウエアや野球ストッキングの製造

をおこない、その後大阪にうつった会社でした。この2社と合併することで、多角化ではなく、喜八郎が願っていたスポーツ用品の総合化が一気に現実のものとなりました。合併の期日は1977（昭和52）年7月21日、新社名は「株式会社アシックス」（本書では以降「アシックス」）としました。これによって、ほかの大手スポーツ用品メーカーと肩をならべる会社となりました。

アシックス ミニ事典

「アシックス」の社名の由来

アシックスの社名は、古代ローマの詩人ユベナリスのことば、「アニマ・サーナ・イン・コルポレ・サーノ」というラテン語の、単語の頭文字をとったもの。正確な意味は「もし神に祈るならば、健全な身体に健全な精神があれかし（あってほしい）と祈るべきだ」とされる。創業時に、戦後のまずしい時代を生きる青少年に対し、健全な身体をつくって、そこに健全な精神をやどしてほしいと願った喜八郎の思いに結びつくものだった。

アシックスの現在のロゴマーク（下）は2007（平成19）年に新しくなったもの。左がわのアシックス・スパイラルは、"asics"の"a"をデザインし、スポーツのスピード感や躍動感、無限の可能性をシンプルにあらわしたもの。さらにだ円の形は、従業員の行動力とブランドのグローバル化をしめす遠心力と、従業員の一体感や団結力をしめす求心力*をあらわすとされる。

* 遠心力は、回転の中心から遠ざかるようにはたらく力。求心力は、回転の中心に向かう力。

10 最先端の研究がつづく

創業当時から、人の足について研究をかさね、それぞれのスポーツに必要とされる動きを見きわめてシューズを開発してきたアシックスは、大規模な研究所をもうけ、新しい素材やくふうを採用して、選手の記録更新に貢献している。

◀スポーツ工学研究所での研究のようす。

アシックススポーツ工学研究所

アシックスは、どのようなスポーツシューズやスポーツウエアがもとめられるかという視点で、スポーツをより広くより深く、最先端の科学技術によって研究するために、1990（平成2）年、神戸市内にアシックススポーツ工学研究所をたてました。約1万6000m²[*1]の敷地の中央にコの字型の建物をたて、そのまわりを1周350mのトラックがかこむという、ユニークな施設です。そこでは、以下のような5つの分野で研究を進めています。

(1) 人間特性について：種目や男女のちがいによる運動時のからだの変形や負荷を分析する。
(2) 素材について：シューズを進化させるためのソールやパーツ（部材）として使用される樹脂・ゴム・スポンジを、素材の配合から研究する。
(3) 構造について：人間特性の研究でえられた結果をもとに、コンピューターでシューズやウエアの構造を設計し、実験して評価する。
(4) 評価方法や試験方法について：シューズ、ウエア、用具に使用する材料や製品の品質維持と向上をはかるため、新しい評価方法などを研究する。
(5) 生産技術について：成形方法を研究して、生産工場への技術指導もおこなう。

自社での素材開発

アシックスのスポーツシューズの進化は、機能や構造、素材の開発によってささえられてきました。とくに最近力を入れているのが、素材の開発です。これまでには、靴底などにつかわれるゲル[*2]素材の独自開発や、ランニングシューズでつかわれているスポンジ材を同じ機能をもたせながら軽量化したほか、サッカーや陸上スパイクなどでつかわれる軽量樹脂素材などを開発してきました。アシックススポーツ工学研究所でおこなわれる開発は、シューズに必要な素材を細かく調整しながら配合したり、いちはやく製品の試験をしたりするなどして、スポーツシューズの進化をささえ、そのスピードをますますはやめています。

自社での素材開発は、いまではアシックスのつよみとなり、さまざまなスポーツシューズに採用されています。

[*1] 約130m四方に相当する。
[*2] ゼラチン、でんぷん、寒天など、ゼリー状の半固体または固体の状態の物質。

見学！日本の大企業 **アシックス**

▶2012（平成24）年に発表した、カーボンソールを採用した陸上短距離走用スパイク。

写真：アフロ

▲1998（平成10）年のアジア大会で、「サイバーゼロ」をはいて走る伊東選手。

現在は、アシックススポーツ工学研究所での知識や経験を活用した次世代の陸上短距離走用スパイクシューズとして、航空機などでもつかわれるCFRP（カーボン繊維強化プラスチック）を靴底の全面に使用したシューズを開発しています。CFRPのシートを重ねて特殊な加工をほどこし、加熱することによって、1枚のプレートのなかで伸縮性と破損にたえる強度を両立させています。

＊2枚の布などをはりあわせる形式のファスナー。たがいの面の細かな突起がからみあうように密着する。

陸上スパイクの進化

アシックススポーツ工学研究所での研究成果のひとつに、陸上の短距離走用のスパイク「サイバーゼロ」があります。1996（平成8）年の第26回夏季オリンピック・アトランタ大会で伊東浩司選手が使用した「サイバーゼロ」は、ひもで結ぶことが常識だったそれまでのスパイクにかわり、ひもがなく、面ファスナー＊がついた3か所のベルトで足をしめるという、まったく新しい形態のスパイクでした。選手の好みに応じて3か所のベルトのきつさがかえられることと、普通のジョギングシューズの半分ほどしかない150gという重さによって、はだしに靴底を装着するような一体感を感じるものとなっていたのです。伊東選手はオリンピック直前の日本選手権200m走で20秒29というアジア新記録を樹立し、オリンピックの200m走でも日本人初の準決勝進出をはたしました。さらに1998（平成10）年の12月におこなわれたアジア大会では、100m走で10秒00という、アジア新記録をつくったのです。

アシックス ミニ事典

選手の記録をささえるシューズ

アシックスのスポーツシューズは、これまで何度も、世界記録や日本記録更新のささえとなってきた。古くは1953（昭和28）年にはじめて発売された「マラップ」（→p12）もそのひとつ。1967（昭和42）年12月3日におこなわれた福岡国際マラソンでは、自己ベストが2時間18分28秒だったオーストラリアの無名選手デレク・クレイトンが、人類史上はじめて2時間10分を切る2時間9分36秒4でゴール。彼は大会の数日前にオニツカの担当者がしめした革製の「マラップ」を気にいり、その場で足型をとってもらうと、レース前日にわたされた「マラップ」をぶっつけ本番ではいたのだった。何年かのちにそのシューズを自社のミュージアムに展示したいとアシックスが希望したところ、クレイトンは、自分の宝物だから身近においておきたいといったという。

11 スニーカーとオニツカタイガー

スポーツシューズから進化したスニーカーが世界的に広まるなかで、アシックスの商品は高い人気をえた。その流れは、2000年代（平成12年～）になって復活させたオニツカタイガーのブランドで、決定的となった。

▲1978（昭和53）年に発売したジョギング専用シューズ「カリフォルニア」。つま先部とかかと部をまきあげて補強することで、走るときの接地面がより広くなっている。夜間に走る人のために、かかとに反射板をつけて安全性を高めた。

スポーツからファッションへ

　スポーツ用品メーカー「ナイキ」の共同創業者バウワーマン博士は、1960年代から70年代（昭和45年前後）にかけて、アメリカでジョギング運動を広めた人物といわれています（→p19）。ジョギングは、1秒でもはやく走ることを目標とする競技とちがい、一人ひとりが自分のペースでゆっくりと走ることで、健康増進をめざすことをおもな目的とする運動です。ジョギングのブームはすぐに日本にも入ってきて、数多くのジョギングシューズが販売され、いたるところでアシックスストライプのシューズが目だつようになりました。「はきやすい」「革靴よりクッション性があってつかれない」などといった理由で、普段からジョギングシューズを選ぶ人もふえ、スポーツシューズがファッションシューズに進化するのに、アシックスの製品は大きな役割をはたしました。

オニツカタイガーの復活

　オニツカタイガーは、創業時から会社をささえてきたブランドでした。1977（昭和52）年にほかの2社と合併してアシックスとなって（→p23）からは、アシックスタイガーやアシックスブランドのシューズが登場し、一時オニツカタイガーのブランドはなくなりました。ちょうどそのころジョギングシューズが世の中に出まわって、従来から普段ばきとして人気だったバスケットボールシューズとともにスニーカーとよばれるようになり、爆発的に広まりました。

　その後2000年代（平成12年～）に入ってから、おもにヨーロッパでスニーカーのレトロ[*1]ファッションが流行しているのを受けて、アシックスは2002（平成14）年にオニツカタイガーのブランドを復活させました。オニツカタイガーは、その翌年2003（平成15）年に公開されたアメリカ映画「キル・ビル」のなかで主人公がはいて活躍したことで、ファッショナブル[*2]なイメージが定着し、いっそう人気が高まりました。

*1 昔の考え方や流行などにもどろうとしたり、それを好むこと。
*2 服装などが流行の先端をいっていること。

▼映画「キル・ビル」の劇中で主人公がはいた「TAI-CHI」。

見学！日本の大企業　アシックス

▲「メキシコ66」シリーズのひとつ（上）。かかとの部分にＸ字の補強がほどこされ、はきやすくするためにヒールタブが取りつけられている（右）。

世界のブランドと共同作業

　オニツカタイガー復活プロジェクトがはじめられたときに最初に手がけられた商品が、「メキシコ66」でした。「メキシコ66」の原型は、1962（昭和37）年に発売された「リンバー」シリーズで、細身の形とかかと部分のタブが特徴でした。復活版の「メキシコ66」は、スマートな形とうすいソールの形状に品のよいカラーが組みあわさったレトロデザインと、スポーツでの使用を意識した機能性が大人気となりました。

　その後、オニツカタイガーの人気をさらに高めた理由のひとつに、国内外の人気ブランドやデザイナーがアシックスとコラボレーション（共同製作）をして商品を展開し、さまざまな独自デザインのオニツカタイガーモデルを提案したことがあげられます。その流れは現在までつづき、2013（平成25）年からはイタリアのデザイナー、アンドレア・ポンピリオとのコラボレーションでファッションショーをおこなうなど、形や素材、カラーなどさまざまなタイプのシューズを開発・発表することで、消費者の期待にこたえています。

▼オニツカタイガーと、アメリカの高級革製品メーカー、COACHとの限定コラボレーションシューズ（2014年1月）。

▲2015（平成27）年3月におこなわれた、「オニツカタイガー×アンドレア・ポンピリオショー」のようす。

独自の販売戦略

　オニツカタイガーをヨーロッパで復活させたとき、現社長の尾山基は大胆な販売戦略を考えました。それは、直営店や大手デパートなどの高級店だけで販売をおこない、ファッションブランドとしてのイメージを高めることでした。尾山はオニツカタイガーを高級ブランドと認めさせるために、天然皮革をつかうなど素材や質にこだわり、イタリアやフランスの高級店で販売しましたが、値段は消費者が納得できるような設定にしました。こうして、オニツカタイガーはどこでも安価で手に入る商品とちがうことをうったえ、アシックスは良好なブランドイメージを獲得することに成功しました。その手法は日本国内でも引きつがれ、東京、大阪、名古屋、神戸など全国に26店舗（2015年10月現在）の直営店をかまえて販売し、消費者の信頼をえています。

▶2014（平成26）年に開店した、オニツカタイガーメルボルン（オーストラリア）のようす。

12 世界に広がるアシックスブランド

アシックスによる販売店や製造工場の世界展開は、現在、アメリカ、ヨーロッパからアジア、アフリカなどへ進んでいる。

▲南アフリカラグビーチームをサポートする、アシックスのポスター。

世界進出の道筋

現在グローバルな事業を展開しているアシックスは、1970年代（昭和45～54年）から、本格的な海外進出を進めてきました。オリンピックなどの世界的な競技会をサポートすることで、商品の世界展開をはかってきたアシックスにとって、販売や生産のために海外へ出ていくことは必要なことでした。1973（昭和48）年には、北アメリカ地区の販売を強化するために、アメリカ・シカゴに駐在員事務所を開設し、1975（昭和50）年には当時の西ドイツ・デュッセルドルフに販売会社をもうけて、ヨーロッパへの進出をはたしました。その後、アメリカやヨーロッパでも現地の製造会社と提携して、生産するようになりました。2015（平成27）年8月現在では、150か国以上で販売しています。

世界各地に店舗を

アシックスは、現在世界各地で直営店の拡大をはかっています。オニツカタイガーをおもにあつかう店舗やアシックスのブランドを総合的にあつかうアシックスストアのほかにも、ウォーキング*1 シューズを中心にあつかう店舗や、アウトレット*2 など、さまざまな形態の店舗を、世界的に展開しています。とくにヨーロッパとアメリカでは、販売とマーケティング（市場活動）を強化しています。

また近年、アフリカなどの国ぐにの経済が成長し市場が拡大しているのを受けて、2015（平成27）年1月に南アフリ

＊1 とくに健康増進のために、歩くこと。
＊2 倉庫などを利用して、製造元が低価格で直接販売したり、専門販売店が規格外の品物を割引価格で販売したりする店舗。

● アシックスブランドの世界展開

ヨーロッパ
- アシックスストア 16店舗
- オニツカタイガー 4店舗
- ファクトリーアウトレット 59店舗
- ホグロフス 7店舗

▲アシックスストアパリ（フランス）

東アジア
- アシックスストア 52店舗
- オニツカタイガー 30店舗
- ファクトリーアウトレット 12店舗

オセアニア
- アシックスストア 2店舗
- オニツカタイガー 2店舗
- ファクトリーアウトレット 6店舗

▶アシックスストアシドニー（オーストラリア）

見学！日本の大企業 アシックス

力に販売子会社を設立しました。同時に南アフリカラグビー協会へのサポートを決め、世界の強豪のひとつである南アフリカラグビーチームにシューズやウエアの提供をはじめています。

ランニングイベントをサポート

アシックスは現在、日本国内と海外のマラソン大会など、およそ180のランニングイベントをサポートしています。それによって、世界各地で

▲アシックスLAマラソンのようす。　写真：アフロ

※店舗数は2015（平成27）年6月現在

▲アシックスストア東京（日本）

▲オニツカタイガー表参道（日本）

南北アメリカ
アシックスストア　3店舗
ファクトリーアウトレット　52店舗

日本
アシックスストア　7店舗
オニツカタイガー　24店舗
アシックスウォーキング　75店舗
ファクトリーアウトレット　27店舗
ホグロフス*　2店舗

▼アシックスストア サンパウロ（ブラジル）

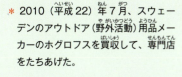

＊2010（平成22）年7月、スウェーデンのアウトドア（野外活動）用品メーカーのホグロフスを買収して、専門店をたちあげた。

写真：アフロ

▲パリマラソン（左）、ニューヨークシティマラソン（右）のようす。

ランニング文化が発展するのをうながすとともに、世界のランナーと直接ふれあうことで、彼らが実際にもとめる商品を開発することにつながっています。さらに、ランニングイベントをサポートすることで、アシックスというブランドのイメージをいっそう高めることができているのです。

●アシックスがスポンサーとなっているおもなマラソン大会（参加者2万人以上）

●日本
東京マラソン
神戸マラソン
青梅マラソン
●アジア
春川マラソン（韓国）
ソウル国際マラソン（韓国）
ムンバイマラソン（インド）
ペナンブリッジ国際マラソン（マレーシア）
●オセアニア（すべてオーストラリア）
ゴールドコーストマラソン
メディバンク・メルボルンマラソン
シェブロン・パースシティ・トゥ・サーフ
ブラックモア・シドニーランニングフェスティバル
●アメリカ
シンシナティ・フライングピッグマラソン
アシックスLAマラソン（※スポンサー契約は2015年まで）
TCSニューヨークシティマラソン
ピッツバーグマラソン
●ヨーロッパ
オルレン・ワルシャワマラソン（ポーランド）
チューリッヒ・バルセロナマラソン（スペイン）
ディープリバー・ロック・ベルファストシティマラソン（北アイルランド）
エディンバラマラソン（イギリス）
BMWフランクフルトマラソン（ドイツ）
シュナイダーエレクトリック・パリマラソン（フランス）
アシックス・ストックホルムマラソン（スウェーデン）

（2015年10月現在）

13 アシックスのサステナビリティ活動

スポーツをつうじて健全な精神をやしなうことを会社の理念とするアシックスは、環境問題や、東日本大震災後の支援などに取りくんでいる。

アシックススピリット

アシックスでは、鬼塚株式会社設立（→p7）以来の鬼塚喜八郎の精神を受けつぐアシックススピリット（企業精神）をさだめて、従業員に対しても、また外部のステークホルダー[*1]に対しても、誠実に事業に取りくむ姿勢をしめしています。

アシックススピリットは、フィロソフィー（創業哲学）、ビジョン（展望）、バリュー（スポーツマン精神）の3つにわかれており、フィロソフィーには、「健全な身体に健全な精神があれかし」というアシックスの創業理念がかかげられ、ビジョンには、「スポーツでつちかった知的技術により、質の高いライフスタイル[*2]を創造する」という、アシックスのめざすべきすがたがしめされています。さらにバリューには、喜八郎が第二次世界大戦後に、スポーツ用品の製造をつうじて青少年の心身の育成に貢献しようとした、創業時の思い（→p7）が表現されています。

*1 その企業に対して利害をもつすべての人。顧客、株主、取引先など。従業員もふくまれる。
*2 衣食住などの生活様式や、人生観・価値観・習慣などをふくめた個人の生き方。

●アシックススピリットのバリュー（スポーツマン精神）

第1条：スポーツマンはルールを守る。
第2条：スポーツマンはフェアプレーの精神に徹する。
第3条：スポーツマンはたえずベストをつくす。
第4条：スポーツマンはチームの勝利のためにたたかう。
第5条：スポーツマンは能力を高めるためにつねに鍛錬する。
第6条：スポーツマンは、「転んだらおきればよい。失敗しても成功するまでやればよい。」*

*このことばは、喜八郎のものとされる。

サステナビリティを核心に

サステナビリティとは、「持続可能性」と訳され、環境・社会・経済を将来にわたって持続していこうという姿勢をあらわします。

アシックスでは、創業して以降アシックススピリットをふまえながら、CSR[*3]（企業の社会に対する責任）とともにサステナビリティをつねに経営の核心においています。それは、「わたしたち

*3 英語の"Corporate Social Responsibility"の頭文字。

▲アシックスのシューズやウエアのすべてに、アシックススピリットが実現されている。

を取りまく環境を守り、世界の人びととその社会に貢献する」という企業理念として、具体的にあらわされています。この理念を実現するために、アシックスはすべての協力企業とともに、社会と環境に配慮した事業活動をつづけています。

環境負荷[*1]をへらす

アシックスの製品は、環境に対する負荷を分析し、その結果にもとづいて設計されています。それによって、製品の機能を向上させ、同時に環境負荷の低減を実現することをめざしています。

製品は、原材料の調達、製造、輸送、使用、廃棄というそれぞれの段階で、地球温暖化のおもな原因とされる二酸化炭素（CO_2）を発生させるなど、環境に対し負荷をあたえています。各段階でのCO_2発生量の削減に向けて、アシックスも重点的に取りくんでいます。

●製品の進化により環境負荷をへらす

アシックスでは2010〜2012（平成22〜24）年に、アメリカの大学と共同研究をおこない、スポーツシューズの製造から、輸送、使用、廃棄にいたるまでの1足あたりのCO_2排出量を分析した。その結果、スポーツシューズは、製造工程の環境負荷がもっとも大きいことがわかった。研究成果をもりこんだ2011（平成23）年発売のランニングシューズ「GEL-KAYANO 18」は、製造工程でのCO_2排出量を従来の製品より約20％[*2]おさえた。さらに2013（平成25）年発売のランニングシューズ「GEL-KAYANO 20」では、それまで別に加工して組みあわせていたアッパー（甲被）の素材を一体化構造にしたことで、部品数を25％へらし、同時にCO_2の削減に貢献した。

●製造工程の安全性を向上させる

シューズの製造工程でつかわれる接着剤は、環境負荷と労働環境の改善の点で、シューズメーカー共通の課題となっている。アシックスは、VOC（揮発性有機化合物）[*3]排出の削減をめざして、水溶性（水でとける）接着剤の採用率を高めることで、安全性を高め、環境負荷をおさえようとしている。

●水溶性接着剤を採用している生産量の割合

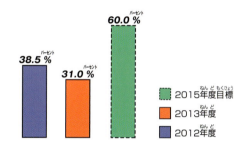

- 2015年度目標: 60.0％
- 2013年度: 31.0％
- 2012年度: 38.5％

●包装材の環境負荷をへらす

製品や輸送に使用される包装材を削減することも、環境負荷をへらす重要なポイント。リサイクルや再利用につとめることが、CO_2の削減につながる。2013（平成25）年度にアシックスアメリカでは、物流センターで段ボール1194tをリサイクル。これは段ボールの材料である木を2万本以上節約することに相当する。ヨーロッパでも710tの段ボール包装材をリサイクルし、輸送用包装材の再利用でCO_2排出量を13t削減した。

●北アメリカでの包装材のリサイクル

1194tの段ボール ＝ 2万298本の木

▼「GEL-KAYANO 18」（左、2011年）と、「GEL-KAYANO 20」（右、2013年）。

[*1] 廃棄物や、干拓、人口増加や経済活動などが、自然環境にあたえる負担のこと。

[*2] アシックスの計測値。

[*3] トルエン、キシレン、ベンゼン、フロン類などの、常温で大気中に揮発（液体が気化）する有機化学物質のこと。溶剤や燃料としてはば広く使用されているが、環境に放出されると健康被害がおきるおそれがある。

震災支援プログラムの継続

アシックスでは、1995（平成7）年に発生した阪神淡路大震災で神戸市にあるみずからの本社が被災した経験をふまえて、2011（平成23）年3月に発生した東日本大震災の翌月には、「A Bright Tomorrow Through Sport」（あしたへ、スポーツとともに）というプロジェクトをすばやくスタート。これは、震災で親をなくした子どもたちが復興への道のりのなかで健全に成長することを願って、スポーツをつうじた継続的な支援活動をおこなうものです。現在、支援内容は以下の4種類にわかれ、それぞれ継続しています。

A Bright Tomorrow Through Sport
— あしたへ、スポーツとともに —

▲「A Bright Tomorrow Through Sport」のシンボルマーク。

● hand to hand（商品提供）プログラム

2011（平成23）年4月1日の時点で0歳から18歳までの、震災で親をなくした子どもたちを対象に、満19歳をむかえるまでアシックスのスポーツ用品を希望に応じて継続的に提供する。2014（平成26）年12月31日現在で、133人が登録している。

▼子どもたちに提供されるスポーツ用品の一例。

● スポーツ選手訪問プログラム

経験ゆたかなプロスポーツ選手やアマチュアスポーツの一流選手が被災地の学校を訪問したりイベントに参加したりして、スポーツ教室などで子どもたちとふれあい、彼らにスポーツを楽しむきっかけを提供する。

▲陸上100m走10秒01の日本歴代2位の記録をもつ（2015年10月現在）、桐生祥秀選手（東洋大学）とのふれあいのようす。

● 神戸招待プログラム

東北の被災地の子どもたちを神戸のアシックス本社や、アシックス スポーツ ミュージアム（→p36）、アシックス スポーツ工学研究所（→p24）などに招待して、スポーツの楽しさを味わい、復興後の神戸にふれてもらうことで、復興への希望と活力を見いだしてもらう活動。

▲アシックス本社にむかえられた子どもたち。

● 健康運動支援プログラム

運動を指導する知識をもつ社員や協力スタッフが被災地域をおとずれ、健康づくりの運動指導やイベントを実施する。2014（平成26）年度は、健康のための運動指導をおこなったほか、被災地でグラウンドゴルフの大会を開催するなどして、地域の活性化に貢献した。

▲仮設住宅などせまい場所でもできる、ストレッチなどを指導。

資料編①

見学！ 日本の大企業 アシックス 資料編

アシックスの歴史

トップのスポーツ選手から、ファッションとして楽しむ一般の人びとまで、はば広い世代に愛されるスポーツ用品をつくってきた、アシックスの歴史を見ていきましょう。

1949（昭和24）年
鬼塚喜八郎、3月に神戸で鬼塚商会を創業。同年9月に鬼塚株式会社を設立（→p7）。「健全な身体に健全な精神があれかし」のことばを実現するために、スポーツシューズの製造をはじめる。

1950（昭和25）年 春
「バスケットボールシューズ」第1号を発売（→p9）。土踏まずの部分にトラの顔がデザインされていた。

同年 秋
「OKバスケットボールシューズ」を発売。

1952（昭和27）年
「バレーボールシューズ」第1号を発売。

同年
「テニスシューズ」第1号を発売。

1953（昭和28）年
神戸市長田区にタイガーゴム工業所を設立。この当時、バスケットボールシューズやバレーボールシューズのほかに、マラソンシューズ、軟式テニスシューズ、登山靴、ソフトボールシューズなどをつくっていた。

同年
「吸盤型バスケットボールシューズ」を発売（→p9）。

同年
「マラソンたび」第1号を発売。アメリカのランニング専門誌『ランナーズ』で取りあげられた（→p12）。

1955（昭和30）年
「ナイロン ヒマラヤンシューズ」を発売。このころから、ナイロン製の登山靴やスキー靴、スキーの後にはきかえるアフタースキーブーツなどを本格的に製造。

同年
「タイガー ナイロンゴルフシューズ」を発売。

同年
「レスリングシューズ」第1号、「ナイロンレスリングシューズ」を発売（→p20）。

1956（昭和31）年
「タイガー印シナイシューズ」を発売。室内の体操競技などに使用された。体操シューズのデザインにのちのちまで採用された。

1957（昭和32）年
タイガーゴム工業所を改組して、オニツカ株式会社を設立（→p14）。

同年
「アフターランナーシューズ」を発売（→p14）。1956（昭和31）年に開催されたメルボルンオリンピックで、日本選手団の入場行進用に開発されたトレーニングシューズ。

1960（昭和35）年
マラソンシューズ「マジックランナー」を発売（→p13）。側面と前面に数か所穴を開けて熱を排出することで、足のマメができるのを最小限におさえた。

1962（昭和37）年
「サッカーシューズ」第1号を発売。前方に4本、かかと部に3本のスタッド（でっぱり）があり、現代のものとはかなりことなったデザインだった。

▲「サッカーシューズ」第1号のスタッドは、だ円状だった。

資料編① アシックスの歴史

1964（昭和39）年
大阪証券取引所第二部（当時）に上場（→p17）。

同年
ピン固定式陸上スパイクシューズを発表。同年10月に開催された東京オリンピックの陸上競技代表選手が採用したもの。

1965（昭和40）年
オニツカ株式会社のオニツカタイガーのブランドロゴを統一（→p14）。オニツカタイガーブランドは、近年、ファッショナブルなスニーカーとして人気。

同年
南極地域観測隊に極地防寒靴を提供。南極の昭和基地を拠点にさまざまな調査をおこなう観測隊が採用。

1966（昭和41）年
「サッカーシューズ革A／革AA」を発売。「革AA」はグラウンドの状態にあわせてスタッドを取りかえる方式のシューズ。

1967（昭和42）年
バレーボールシューズ「ローテーションDX」を発売。バレーボールが6人制中心の室内競技になり、回転レシーブなど、床をすべる動作が必要になったことに対応して開発された。

同年
「リンバーアップ革BK」を発売。現在のアシックスストライプが使用された。

1969（昭和44）年
オニツカの「CORTEZ」（のちの「TIGER CORSAIR」）を、アメリカ販売代理店ブルーリボンスポーツ社（のちのナイキ）が発売（→p19）。

1972（昭和47）年
これまでのものから素材も構造も大はばにかわったスキーブーツ「オニック404」を発売。

▶「オニック404」は、かかと部についた「エアーレモン」をつかって、ブーツに空気を注入することで、足首を固定する方式だった。

同年
マラソンシューズ「オーボリ」を発売。1972（昭和47）年のミュンヘンオリンピックで優勝し、1971（昭和46）年から4年連続、福岡国際マラソン大会でも優勝した、アメリカのフランク・ショーター選手が使用したのと同じ構造のもの。

1973（昭和48）年
野球用スパイク「ゲーリックFS107」を発売。オニツカが野球スパイク市場に初挑戦する商品として開発された。

1974（昭和49）年
国内初の硬式テニスシューズ「ローンシップ30」を発売。前年の国際テニス大会デビスカップで日本選手が使用したモデル。

同年
陸上競技用ウエア「パウ」を発売（→p22）。ゴールドウイン社と技術提携して開発したもの。総合スポーツ用品メーカーへの第一歩となった。

1976（昭和51）年
アメリカ・ローリングス社と技術提携した、「ローリングス」野球用ユニフォームを発売。ローリングス社とは、3年後に野球用品全般の技術提携をおこなう。

1977（昭和52）年
株式会社ジィティオ、ジェレンク株式会社の2社とオニツカが合併して、株式会社アシックスが誕生（→p23）。

1980（昭和55）年
全天候型トラック対応の走り高跳び専用シューズ「タイガーパウ HJ-81」を発売。

1981（昭和56）年
世界的なジョギングブームのなかで、軽量ジョギングシューズ「スカイセンサー」を発売。

1982（昭和57）年
アシックスストライプをぬいつけた「体操シューズFP」を発売。

▶「体操シューズFP」は、あらゆる方向にストップする性能を高めた。

1983(昭和58)年

ウォーキングがブーム化したのを受けて、ウォーキングシューズ「ペダラ」を発売。スポーツシューズ製造の技術がもりこまれ、はきやすさを追求した。

▲「ペダラ」の名称は、ラテン語の「足」に由来。

同年

鳥取県で考案された、高齢者も楽しめる生涯スポーツのグラウンドゴルフ用品「グッドショット」を発売。

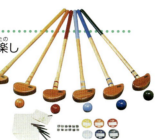

1986(昭和61)年

新素材のアルファゲルを採用したジョギングシューズ「フリークスα」を発売。

▶アルファゲルは当初、ジョギング用のほか、マラソン、バレーボール、テニスの各シューズに採用した。

同年

本格的なビジネス用ウォーキングシューズ「ワラッジ」を発売。

1990(平成2)年

神戸市西区にアシックススポーツ工学研究所(→p24)が竣工。

1997(平成9)年

靴ひもをつかわない画期的なデザインの、陸上スパイクシューズ「サイバーゼロ」を発売(→p25)。

同年

バスケットボールシューズ「ゲルバースト」の初代モデルを発売。

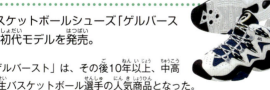

▶「ゲルバースト」は、その後10年以上、中高校生バスケットボール選手の人気商品となった。

1999(平成11)年

創業50周年記念シューズ、オニツカタイガー復刻版を発売。

同年

バレーボールシューズ「ローテ サイバーゼロ」を発売。足首、土踏まず、つま先部分をしっかりベルトでしめつけて、足とシューズの一体感を生みだした。

2002(平成14)年

「メキシコ66」「ニッポン60」など、オニツカタイガーブランドのシューズを、復活版として本格的に世界展開。

2003(平成15)年

世界第1号の直営店、オニツカタイガー東京が、渋谷区代官山にオープン。

同年

アメリカ映画「キル・ビル」で主人公がはいた「オニツカタイガー TAI-CHI」が話題となる(→p26)。

2007(平成19)年

2001(平成13)年に制定した企業スローガン「スポーツは世界のことば」を変更し、あらたな世界統一のブランドスローガン「sound mind, sound body」を設定。

2008(平成20)年

東京都中央区銀座のアシックスストア東京において、ランニング能力を測定する「アシックス・ランニング・ラボ」を本格的に開始。

同年

オニツカタイガーシリーズで、細かい部分まで日本製にこだわった新シリーズ「NIPPON MADE」シューズを発売。

2009(平成21)年

創業60周年記念として、神戸本社敷地内に「アシックス スポーツ ミュージアム」(→p36)を公開。

2010(平成22)年

スウェーデンの大手アウトドア用品メーカー「ホグロフス」を買収し子会社とする。

2012(平成24)年

オニツカタイガーのブランド復活10周年を記念して、東京都渋谷区にオニツカタイガー表参道をオープン。店舗面積は直営店のなかで世界最大。

同年

アシックスブランドのベースボール(野球)事業を発表。ベースボール用品をすべてアシックスのブランドで展開。

資料編❷

アシックス スポーツ ミュージアムを見てみよう！

「アシックス スポーツ ミュージアム」で、一流スポーツ選手のすばらしいわざや記録を体感したり、さまざまな用具にふれたりして、スポーツの楽しさを味わいましょう。

「アシックス スポーツ ミュージアム」は、2009（平成21）年に神戸市のポートアイランドにあるアシックス本社の敷地内に開館した、企業博物館です。見学者は、アシックスの創業理念である「健全な身体に健全な精神があれかし」を基本とするスポーツ競技のすばらしさやおどろきを体験し、スポーツの文化を将来に伝えることの大切さを学ぶことができます。

■ 2階 ヒストリーフィールド

「アシックス スポーツ ミュージアム」は上下2階にわかれていて、順路は2階から見学するようになっています。

2階は「ヒストリーフィールド」で、創業から現在までのさまざまな製品が展示されており、アシックスの企業理念や歴史、世界的な活動が紹介されています。

円形のシアタールームでは、アシックスの歴史が11分間の映像で紹介されます。コーポレートヒストリーコーナーでは、オニツカタイガー時代からアシックスまでの歴史的なバスケットボールシューズ

▲2階の平面図。

や競技用シューズ、有名マラソン選手が実際に使用したシューズなどを見ることができます。アスリートヒストリーコーナーでは、国際大会などで活躍した日本や海外の選手のシューズが、鏡でソールが見えるように展示され、競技別の特徴やシューズが進化してきたようすを見ることができます。

▲シアタールーム。

▲コーポレートヒストリーコーナー（左）では、「バスケットボールシューズ」第1号（右）など、歴史的な製品が見られる。

▲アスリートヒストリーのコーナー。

見学！日本の大企業 アシックス 資料編

■1階 アスリートフィールド

1階の「アスリートフィールド」では、中央にある陸上競技のコースと、その正面にあるスーパービジョン（大画面）が目にとびこんできます。

▼コースと正面のスーパービジョン。

▲スーパービジョンに、選手たちが走る、跳ぶ、投げるようすがくり広げられる。

コンピューターで動くバーチャル*2ビジョンは、スーパービジョンと連動していて、バーチャルの選手たちが目の前で実際に走ったり、ジャンプしたり、ボールを投げたりしているかのように体感できます。

スーパービジョンの大きさは、9つのモニターをあわせると対角線が138インチ（約3.5m）あり、走る（110mハードル）、跳ぶ（走り高跳び）、投げる（やり投げ）という3つのスポーツのようすを高速度カメラ*1で撮影した、トップ選手たちが躍動する映像を見ることができます。

*1 スポーツなどを高速で撮影することで、映像をスローモーションで見ることができるカメラ。

*2 仮想現実のこと。そこに実体がなくても、映像などで本物のように感じられるシステム。

▼バーチャルビジョンによって、選手たちの動きを体感できる。

▲1階の平面図。

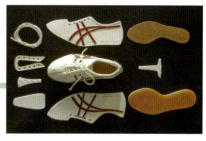
▼1階にはクラフトルームもあり、ミニチュアシューズづくりが体験できる（有料）。

- 電話：078-303-1329
- 住所：兵庫県神戸市中央区港島中町7-1-1

〈アクセス〉JR三ノ宮駅、阪神・阪急神戸三宮駅、神戸市営地下三宮駅乗りかえ、ポートライナーで中埠頭駅下車徒歩約2分

〈開館時間〉10:00～17:00（入館受付は16:30まで）

〈休館日〉毎週日曜日、月曜日、祝日、夏季休暇、年末年始休暇

〈入館料〉無料

※団体（10人以上）は事前の申しこみが必要

http://corp.asics.com/jp/about_asics/museum

さくいん

ア
- アシックスストア･････････28, 29, 35
- アシックスストライプ･････19, 26, 34
- アシックス・スパイラル･･･････････23
- アシックススピリット････････････30
- アシックススポーツ工学研究所･････24, 25, 32, 35
- アシックス スポーツ ミュージアム･････32, 35, 36
- アディダス･･･････････････････4, 22
- アテネ（オリンピック）･･･････････5
- アトランタ（オリンピック）･････25
- アフターランナーシューズ･･･････33
- A Bright Tomorrow Through Sport（あしたへ、スポーツとともに）･････32
- アベベ・ビキラ･････････････････15
- アルファゲル･･･････････････････35
- アンツーカー･･･････････････････20
- アンドレア・ポンピリオ･････････27
- 伊東浩司･･･････････････････････25
- 宇宙で走るシューズ･････････････21
- OKバスケットボールシューズ･･･33
- 大谷翔平･･･････････････････････4
- 鬼塚（株式会社）･････4, 6, 7, 9, 10, 11, 12, 13, 14, 30, 33
- オニツカ（株式会社）･････14, 15, 16, 17, 18, 19, 20, 21, 22, 25, 33, 34
- （鬼塚）喜八郎･････4, 6, 7, 8, 9, 10, 11, 12, 13, 14, 15, 16, 17, 22, 23, 30, 33
- オニツカタイガー･････9, 26, 27, 28, 29, 34, 35, 36
- 尾山基･････････････････････････27

カ
- 金型･･････････････････････････････7
- 株式会社ジィティオ･･･････････23, 34
- 君原健二･････････････････････････15
- 吸盤型（バスケットボールシューズ）･････9, 10, 33
- キリモミ商法････････････････････11
- キル・ビル･･････････････････26, 35
- ゲル･･･････････････････････････24
- GEL-KAYANO･････････････････31
- 健全な身体に健全な精神があれかし･････7, 23, 30, 33, 36
- 甲被（アッパー）･････････7, 8, 13, 31
- ゴールドウイン社･･････････････22, 34
- CORTEZ･･･････････････････19, 34

サ
- サイバーゼロ･･････････････････25, 35
- 札幌（オリンピック）･･･････････21
- CFRP（カーボン繊維強化プラスチック）･････25
- ジェレンク株式会社･････････････23, 34
- 地下たび･･･････････････････････7
- シドニー（オリンピック）･･･････4
- （ジョギング）シューズ･････19, 25, 26, 34, 35
- ズック靴･･･････････････････････7
- ストライド走法･････････････････12
- スニーカー･･････････････････4, 26, 34
- スパイク（シューズ）･････4, 19, 21, 22, 24, 25, 34, 35
- （スパイク）ピン･････････････20, 21, 34
- （スポーツ）ウエア･････4, 5, 22, 23, 24, 29, 34
- スポーツシューズ･････4, 7, 8, 9, 11, 14, 17, 18, 19, 20, 22, 24, 25, 26, 31, 33, 35
- ソール･････････8, 9, 10, 20, 24, 27, 36

タ
- タータン･･･････････････････････20
- タイガーゴム工業所･･･････････14, 33
- TIGER CORSAIR････････････19, 34
- タイガー印･･････････････････9, 33
- タイガーパウ･････････････21, 22, 34
- TAI-CHI･･････････････････････35
- 高橋尚子･･･････････････････････4

ダルビッシュ有 ································ 4	マメ ································ 13, 33
頂上作戦 ································ 14	マラソンシューズ ········ 4, 12, 13, 14, 15, 33, 34
円谷幸吉 ································ 15	マラソンたび ························ 12, 33
寺沢徹 ································ 13	マラップ ····················· 12, 13, 19, 25
デレク・クレイトン ························ 25	ミュンヘン(オリンピック) ············· 18, 22, 34
東京2020ゴールドパートナー ·················· 5	メキシコ66 ····························· 27, 35
東京(オリンピック) ········ 5, 15, 17, 18, 19, 34	メキシコシティ(オリンピック) ·········· 15, 18, 19
トリノ(オリンピック) ······················ 5	メジャーリーグ ························ 4
トレーニング(用)シューズ ········ 11, 15, 21, 33	メルボルン(オリンピック) ············· 14, 20, 33
	モントリオール(オリンピック) ············ 18, 19

ナ

ヤ

ナイキ ···························· 4, 19, 26, 34	吉田沙保里 ························ 4, 20
ニッポン60 ································ 35	
NIPPON MADE ····························· 35	
野口みずき ································ 5	

ラ

ラッセ・ビレン ························ 19
リンバー ···························· 27, 34
レスリングシューズ ················· 18, 20, 33
ローマ(オリンピック) ···················· 15
ローリングス社 ························ 34

ハ

パウ ································ 22, 34
バスケットボールシューズ ····· 4, 8, 9, 10, 11, 12, 14, 26, 33, 35, 36
バルセロナ(オリンピック) ················ 5
バレーボールシューズ ············ 11, 33, 34, 35
hand to handプログラム ···················· 32
ピッチ走法 ································ 12
(ビル・)バウワーマン ·················· 19, 26
フィル・ナイト ························ 19
フランク・ショーター ···················· 34
ブルーリボンスポーツ(BRS)社 ··········· 19, 34
ブロックソール ························ 10
ベイジル・ヒートリー ···················· 15
ホグロフス ···················· 28, 29, 35
堀(公平) ································ 7

ワ

わらじ ································ 8

マ

マジックランナー ························ 13, 33
松本(幸雄) ······················· 8, 9, 11
魔法のような靴 ························ 12, 13

■ **編さん／こどもくらぶ**

「こどもくらぶ」は、あそび・教育・福祉の分野で、こどもに関する書籍を企画・編集しているエヌ・アンド・エス企画編集室の愛称。図書館用書籍として、以下をはじめ、毎年5～10シリーズを企画・編集・DTP製作している。

『家族ってなんだろう』『きみの味方だ！ 子どもの権利条約』『できるぞ！NGO活動』『スポーツなんでも事典』『世界地図から学ぼう国際理解』『シリーズ格差を考える』『こども天文検定』『世界にはばたく日本力』『人びとをまもるのりもののしくみ』『世界をかえたインターネットの会社』（いずれもほるぷ出版）など多数。

■ **写真協力**（敬称略）
株式会社アシックス
株式会社アサヒコーポレーション、ミタスニーカーズ、
アフロ、朝日新聞フォトアーカイブ、
フォトライブラリー、123RF

■ **企画・制作・デザイン**
株式会社エヌ・アンド・エス企画
吉澤光夫

この本の情報は、2015年10月までに調べたものです。
今後変更になる可能性がありますので、ご了承ください。

見学！ 日本の大企業 アシックス

初　版	第1刷　2016年1月8日			
	第2刷　2019年4月15日			
編さん	こどもくらぶ			
発　行	株式会社ほるぷ出版			
	〒101-0051 東京都千代田区神田神保町3-2-6			
	電話　03-6261-6691		印刷所	共同印刷株式会社
発行人	中村宏平		製本所	株式会社ハッコー製本

NDC608　275×210mm　40P　　ISBN978-4-593-58725-4　Printed in Japan

落丁・乱丁本は、購入書店名を明記の上、小社営業部宛にお送りください。送料小社負担にて、お取り替えいたします。